BEI GRIN MACHT SICH IHR WISSEN BEZAHLT

- Wir veröffentlichen Ihre Hausarbeit, Bachelor- und Masterarbeit

- Ihr eigenes eBook und Buch - weltweit in allen wichtigen Shops

- Verdienen Sie an jedem Verkauf

Jetzt bei www.GRIN.com hochladen und kostenlos publizieren

Bibliografische Information der Deutschen Nationalbibliothek:

Die Deutsche Bibliothek verzeichnet diese Publikation in der Deutschen Nationalbibliografie; detaillierte bibliografische Daten sind im Internet über http://dnb.d-nb.de/ abrufbar.

Dieses Werk sowie alle darin enthaltenen einzelnen Beiträge und Abbildungen sind urheberrechtlich geschützt. Jede Verwertung, die nicht ausdrücklich vom Urheberrechtsschutz zugelassen ist, bedarf der vorherigen Zustimmung des Verlages. Das gilt insbesondere für Vervielfältigungen, Bearbeitungen, Übersetzungen, Mikroverfilmungen, Auswertungen durch Datenbanken und für die Einspeicherung und Verarbeitung in elektronische Systeme. Alle Rechte, auch die des auszugsweisen Nachdrucks, der fotomechanischen Wiedergabe (einschließlich Mikrokopie) sowie der Auswertung durch Datenbanken oder ähnliche Einrichtungen, vorbehalten.

Impressum:

Copyright © 2017 GRIN Verlag, Open Publishing GmbH
Druck und Bindung: Books on Demand GmbH, Norderstedt Germany
ISBN: 9783668451735

Dieses Buch bei GRIN:

http://www.grin.com/de/e-book/366065/zahlenraetsel-mit-termen-loesen-mathematik-7-klasse

Alexander Berg

Zahlenrätsel mit Termen lösen (Mathematik 7. Klasse)

GRIN Verlag

GRIN - Your knowledge has value

Der GRIN Verlag publiziert seit 1998 wissenschaftliche Arbeiten von Studenten, Hochschullehrern und anderen Akademikern als eBook und gedrucktes Buch. Die Verlagswebsite www.grin.com ist die ideale Plattform zur Veröffentlichung von Hausarbeiten, Abschlussarbeiten, wissenschaftlichen Aufsätzen, Dissertationen und Fachbüchern.

Besuchen Sie uns im Internet:

http://www.grin.com/

http://www.facebook.com/grincom

http://www.twitter.com/grin_com

Unterrichtsentwurf

zur Thematik Terme in der Klasse 7

Berlin, den 22.03.2017

INHALT

0 Individuelle Kompetenzentwicklung des Lehrenden 3

1 Thema der Lehr-und Lernprozesse: Prozentrechnung 3

2 Eine didaktische Sachanalyse 4

3 Standards des Rahmenlehrplans 5

4 Individuelle Kompetenzentwicklung der Lernenden 5

5 Die Begründung der Lehr- und Lernstruktur 6

6 Verlaufsplanung 8

7 Qualifizierter Sitzplan 9

Literatur 10

Anhang

0 Individuelle Kompetenzentwicklung des Lehrenden

In Hinarbeit auf diese Stude wurde auf eine sukzessiv verbesserte Hefterführung geachtet. Inhaltlich wird generelle Struktur der Unterrichtsstunde klarer und durchdachter gestaltet, was sich auch in der Reflexionsphase widerspiegeln soll. Unbekannte Aufgabenformate werden vor der Bearbeitung durchgesprochen oder im Vorfeld ggfs. ritualisiert. Außerdem soll der Umgang mit unterstützenden Elementen verbessert werden.

1 Thema der Lehr-und Lernprozesse: Prozentrechnung

Auf Grundlage des Rahmenlehrplans und des schulinternem Curriculums und Arbeitplans wird die folgende Unterrichtsreihe legitimiert. (RLP, 2006, S. 26)

Thema der Reihe: Mit Variablen, Termen und Gleichungen Probleme lösen			
Stunden	Thema der Stunde	Prozessbezogene Kompetenzbereiche	Inhaltsbezogener Kompetenzbereich (nach Leitideen)
1.	Einführungsspiel; Begriffe Variable & Term	Kommunikation	
2.	Aufstellen von Termen anhand v. Sachsituationen	Mit symbol., formalen und techn. Elementen umgehen	
3.-4.	Terme berechnen	Mit symbol., formalen und techn. Elementen umgehen	
5.-6.	Terme vereinfachen	Mit symbol., formalen und techn. Elementen umgehen	**Zahl**: Die Schülerinnen und Schüler wählen selbstständig Variablen zur Beschreibung von Sachsituationen und zur Lösung von Problemen. Sie begründen Gesetze zur Umformung von Gleichungen und sie lösen Probleme und bearbeiten Sachsituationen unter Verwendung von Variablen und Gleichungen
7.	Klammern auflösen	Kommunikation	
8.	Übungen		
9.	Termumformungen anwenden – Zahlenrätsel lösen	Mit symbol., formalen und techn. Elementen umgehen	
10.	Begriff: Äquivalenz; Gemischte Übungen	Argumentieren	
11.	Einstieg Gleichungen, Lösungsmenge	Argumentieren	
13.	**Test**		
14.-18.	Äquivalenzumformungen	Problemlösen & Mit symb.[…] Elementen umgehen	
19.-20.	Sachaufgaben	Modellieren & Problemlösen	
20.-22.	Wiederholung		
23.	**Klassenarbeit**		

2 EINE DIDAKTISCHE SACHANALYSE

In Anlehnung an die von Jaschke beschriebene didaktische Sachanalyse sollen die von den Schülerinnen und Schülern zu bearbeitenden Aufgaben inhaltlich und bedeutungszusammenhängend analysiert werden (Vgl. Jaschke 2010). Die vorliegende Stunde liegt im Themenfeld Terme und Gleichungen und entspricht dem Pflichtbereich *mit Variablen, Termen und Gleichungen Probleme lösen* (RLP 2006, S. 30). Schulinterne Festlegungen bestimmen die Vermittlung des Themas in der Mitte der 7. Klasse. In der Stunde sollen die SuS Zahlenrätsel lösen, indem sie Variablen und Terme verwenden (Vgl. Kapitel 3 Konkretisierung der Standards). Die in der Stund von den Schülerinnen und Schülern angewandten Rechengesetze lassen sich über die Peano-Axiome für die natürlichen Zahlen induktiv beweisen und auf die rationalen Zahlen übertragen (Vgl. Kramer und von Pippich 2013). Die Lernenden müssen zunächst die natürliche Sprache der mathematischen Situation untersuchen und sie dann mit Hilfe von Variablen und Termen in die symbolische Sprache übersetzen. Anschließend werden die Terme unter Verwendung der Rechengesetze vereinfacht. Variablen in Form von Platzhaltern sind den Lernenden bereits seit der 6. Klasse bekannt und werden in der 7. Klasse im Zusammenhang mit Termen als Buchstaben verwendet (Vgl. Filler 2012, S. 29). Platzhalter bzw. Variablen kennen die Lernenden bereits aus Formeln, bei denen Zahlenwerte eingesetzt werden mussten (z.B.: Prozentrechnung). Nach Malle ergeben sich für Variablen mehrere Aspekte, die nun im Mathematikunterricht erweitert werden: der Gegenstandsaspekt, der Einsetzungsaspekt und der Kalkülaspekt (ebd.). In der Stunde treten je nach Betonung alle drei Varianten auch in der Stunde auf. Bedeutende Schwierigkeiten sind beim Vereinfachen der Terme nicht zu erwarten. Womöglich gibt es Barrieren, sobald „über die Null" gerechnet werden muss. Diese Schwierigkeit bleibt auch beim Umgang mit Variablen nicht erspart, z.B.: $-5x + 9x$. Wesentlich schwieriger ist die Übersetzung von der textlichen Ebene zur symbolischen. Hier müssen auf Signalworte, wie zum Beispiel abziehen, teilen, verdoppeln etc., hingewiesen werden und beim Übersetzen unterstützt werden.

3 STANDARDS DES RAHMENLEHRPLANS

Die Standardkonkretisierung für die geplante Stunde ist eine Essenz aus den prozessbezogenen und inhaltsbezogenen Standards. Sie soll die eigentliche Tätigkeit der Stunde reflektieren, um den entsprechenden Standards entgegenzukommen. Zur Überprüfung des Erreichens der Standardkonkretisierung dienen Indikatoren, welche durch manifeste Merkmale beobachtbar sind.

	Standards des Rahmenlehrplans	Aktueller Stand der Kompetenzentwicklung	Konkretisierung der Standards für diese Stunde
prozess-bezogene Standards	Die Schülerinnen und Schüler... - Verwenden Variablen, Terme, Gleichungen [...] und übersetzen zwischen symbolischer und natürlicher Sprache - dokumentieren Überlegungen, Lösungswege bzw. Ergebnisse, stellen diese verständlich dar und präsentieren sie – auch unter Nutzung geeigneter Medien - entwickeln schlüssige Argumentationen zur Begründung mathematischer Aussagen,	Die Schülerinnen und Schüler... - verwenden Terme und Variablen unter Anleitung - führen ihre Hefter bereits besser, müssen aber weiterhin auf die Form und Vollständigkeit achten. - haben bisher wenig Erfahrungen mit Argumentationsstrukturen machen können.	Die Schülerinnen und Schüler... - verwenden und wählen selbstständig Variablen zum Übersetzen von der natürlichen in die symbolische Sprache zur Beschreibung und Lösung von Problemen.
inhalts-bezogene Standards	Die Schülerinnen und Schüler... - nutzen Rechengesetze zum vorteilhaften Rechnen, - wählen selbstständig Variablen zur Beschreibung von Sachsituationen und zur Lösung von Problemen.	Den Schülerinnen und Schüler... - sind zwar die Rechengesetze bekannt, jedoch fehlt der verinnerlichte Umgang. - gelingt es Sachsituationen durch Terme und Variablen zu beschreiben. Das Lösen von Problemen durch Variablen und Terme wurde noch nicht erprobt.	
INDIKATOREN für das Erreichen der Standardkonkretisierung: -			

Quelle: Rahmenlehrplan für die Sekundarstufe I, [Hrsg.] Senatsverwaltung für Bildung, Jugend und Sport, 2006, Berlin: https://www.berlin.de/imperia/md/content/sen-bildung/schulorganisation/lehrplaene/sek I_mathematik.pdf

4 Die Begründung der Lehr- und Lernstruktur

Im Fokus der Stunde soll der prozessbezogene Standard *mit symbolischen, formalen und technischen Elementen der Mathematik umgehen* zum fachlichen Inhalt Variablen und Terme stehen (Vgl. RLP 2006). Konkret sollen die SuS Variablen und Terme verwenden, um damit Probleme zu beschreiben und zu lösen. Als Problem werden hier Zahlenrätsel betrachtet, bei denen der „Zauberer" eine gedachte Zahl durch kurze Rechnungen der Zuschauer erraten kann. Eine tatsächlicher Lebensweltbezug liegt hier nicht vor, aber im ersten Moment kann das Herausfinden der Funktionsweise sehr motivierend wirken. Alternativ kann der Kontext auch durch den Kompetenzbereich Argumentieren behandelt werden. Beispielsweise könnten dann schlüssige Argumentationen zur Begründung mathematischer Aussagen entwickelt werden.

Diese zweite Stunde einer Doppelstunde soll der Anwendung von Variablen und Termen auf eine Sachsituation dienen, da zuvor hauptsächlich Termumformungen kontextlos trainiert wurden.

Die letzten Stunden haben gezeigt, dass die Partnerarbeit motivierend auf die Lerngruppe wirkt und vergleichbar produktiv zur Einzelarbeit ist. Außerdem werden so potenzielle Fragen durch den Partner beantwortet. Die Progression in der Stunde zeigt sich darin, dass zunächst von der natürlichen in die symbolische Sprache mit Hilfe von Variablen übersetzt wird und anschließend eine gezielte Termumformung stattfindet. Zuvor wurden Übersetzungen nur mit kurzen Sätzen und zwei bis drei Summanden geübt.

Mit Blick auf die Differenzierung sollen die Zweiergruppen mindestens drei Rätsel bearbeiten. Zur Differenzierung nach oben wird der Auftrag gegeben selbstständig ein Rätsel zu entwerfen und entsprechend zu lösen. Aufgrund von fehlender Sprachbildung, sowie zu geringer Lern- und Übungszeit befinden sich einige Lernende auf dem einfacheren unterem Niveau. Sprachlich steuert die Lehrkraft hier individuell nach, da die Lerngruppe klein ist.

Phase I

Die Stunde wird eröffnet, indem die Lehrkraft den Schülerinnen und Schülern ein Zahlenrätsel vorstellt. Dazu wird sich eine Zahl gedacht, anschließend wird nach mehreren Rechenschritten eine neue Zahl der Lehrkraft genannt, womit die Lehrkraft die gedachte Zahl bestimmt. Die Rechenschritte stehen verbalisiert auf dem Tafelbild. Anschließend fordert die Lehrkraft eine Vermutung von den Lernenden, wie die gedachten Zahlen bestimmt werden konnten. Die Hinweise auf die Verwendung von Variablen und die Vorgabe eines Terms, welcher zu den Rechenschritten passt, werden die Schülerinnen und Schülern unterstützen. Sie erkennen, dass die verbalen Rechenschritte in die symbolische Sprache übersetzt wurden und zu einem kurzen Term vereinfacht wurde. Anhand dessen jede gedachte Zahl schnell bestimmt werden kann. In jedem Fall wird der komplette Term und der vereinfachte Term an der Tafel festgehalten und die Bestimmung der unbekannten Zahl thematisiert.

Die Lehrkraft formuliert anschließend den Auftrag an die Lernenden: „Euer Auftrag ist es solche Zahlenrätsel zu lösen, indem ihr Terme und Variablen verwendet."

Phase 2

Die Lehrkraft verwendet das erste Tafelbild um die Struktur zur Aufgabenbewältigung zu wiederholen und gibt die Schritte wieder: Gesamtterm notieren, Term vereinfachen, gedachte Zahl anhand des Terms ermitteln. Die Arbeitsblätter werden nach dem Organisatorischen ausgeteilt. Die Lernenden arbeiten mit ihren Sitznachbarn zusammen und werden in der Erarbeitungsphase Zahlenrätsel lösen, indem sie herausfinden, wie der vereinfachte Term lautet. Ihre Ergebnisse sichern sie auf dem Arbeitsblatt, worauf sich die Rätsel befinden. Die Lehrkraft gibt die zeitliche Vorgabe von 20 Minuten zur Erarbeitung vor. Die Sicherung des Arbeitsauftrages wird sich von Abdusamad oder Khamza eingeholt, da sie oft bereits vor der Aufgabenstellung mit irgendeiner Bearbeitung beginnen. Die Arbeitsblätter werden nun ausgeteilt und sind differenziert aufgebaut. Die unterstützendere Variante liefert eine strukturelle Hilfe, indem der Arbeitsauftrag in vier Schritte gegliedert ist.

Die vereinfachten Terme werden dann mit mindestens drei Zahlen überprüft. Dadurch findet eine automatische Zwischensicherung statt. Sollte eine Gruppe zügig fertig sein, so sollen sie selbst ein Zahlenrätsel im Hefter entwerfen, welche dann am Ende der Stunde ausprobiert werden können. In der Zeit der Bearbeitung sammelt die Lehrkraft Informationen zu den Rätseln, die besonders schwergefallen sind. Diese werden an der Tafel gemeinsam besprochen.

Phase 3

Wieder auf die Lehrkraft zentriert werden die Aufgaben besprochen. Dazu stellen Schülerinnen und Schüler freiwillig ihre Lösungen vor, indem sie ihren Term und Termvereinfachung an die Tafel schreiben.

Sind eigene Zahlenrätsel in der Stunde produziert worden, so werden diese der Klasse entsprechend präsentiert.

Phase 4

Zum Ende der Stunde soll eine Rückmeldung zum Lernprozess durch die Schülerinnen und Schüler erfolgen. Dazu dienen Satzanfänge, um die sprachliche Barriere zu senken.

5 VERLAUFSPLANUNG

Einstieg/Beginn Zeit: 08:50 Uhr	Erarbeitung & Sicherung	Reflexion 09:35 Uhr
Fortsetzung der Doppelstunde:		
08:50	**09:00**	**9:30** **09:30** **09:35**
Begrüßung,	(**TB-2**) L: bitte zunächst die Aufgaben durchlesen.	Kurze vorentlastete Rückmeldung **TB-3** S. geben Feedback zur Stunde durch Vollendung der Sätze.
L eröffnet die Stunde mit einem Zahlenrätsel (TB-1)	L: xy- fasse kurz zusammen, was jetzt zu tun ist.	
L. bestimmt die von S. gedachten Zahlen. S. rechnen und teilen ihr Ergebnis mit.	L. teilt AB aus, und geht auf die zwei Niveaus ein. SuS bearbeiten das AB in PA	
L."Vermutet, wie ich auf die Lösungen gekommen bin." S. stellen Vermutungen an, ggfs. raten; Terme benutzt	Rätsel sind von oben nach unten schwieriger. S. überprüfen selbstständig die Termumformung mit Hilfe von selbstgewählten Zahlen	
L. gibt Hinweis I: Ich habe eine Variable verwendet.	Nach 20 min. Sicherung schwierigere Aufgaben durch S. an der Tafel:	
Hinweis 2: Lehrer notiert einen Term zum Rätsel. S: Der Text wurde "übersetzt".	Term & Termvereinfachung darstellen. S. präsentiere Lösungen	
L:" Findet Zusammenhänge zwischen dem Text und dem Term.		
LSG		
L: „Euer Auftrag ist es nun solche Zahlenrätsel zu lösen und herauszufinden, was der Zauberer am Ende nur rechnen muss".	Puffer: Zahlenrätsel selbst entwickeln lassen.	
L. wiederholt kurz die Schritte, um das Rätsel zu lösen.		

6 QUALIFIZIERTER SITZPLAN

Sitzplan der Klasse

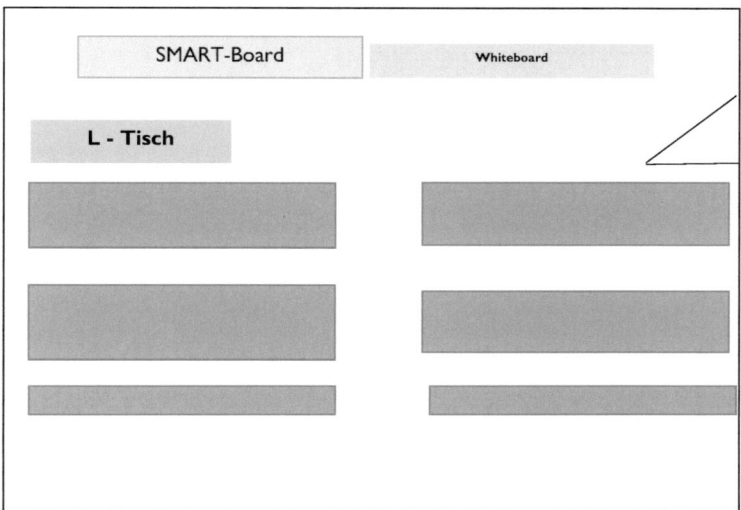

Legende: a | b | c = mündliche Stärken | schriftliche Stärken | soziale Stärken

LITERATUR

- RLP 2006: Rahmenlehrplan für die Sekundarstufe 1, [Hrsg.]Senatsverwaltung für Bildung, Jugend und Sport, 2006, Berlin: https://www.berlin.de/imperia/md/content/sen-bildung/schulorganisation/lehrplaene/sek1_mathematik.pdf
- Jaschke, T. (2010). Von der klassischen zur didaktischen Sachanalyse. Aus mathematik lernen Nr. 158, S. 10. Friedrich Verlag
- Filler, A. 2012: Didaktik der Algebra und Zahlentheorie, Skript aus der Vorlesung, Humboldt-Universität zu Berlin
- Kramer, J.; von Pippich, A. 2013: Von den natürlichen Zahlen zu den Quaternionen. Springer Spektrum, Wiesbaden

Arbeitsblatt | Variablen & Terme   Hr. Bühring & Hr. Berg | 7d | 2017

Zahlenrätsel

a) **Stelle** einen Term zum Zahlenrätsel auf
b) **Vereinfache** den Term.
c) **Gib an**, wie der Zauberer mit dem vereinfachten Term auf die gedachte Zahl kommt.
d) **Überprüfe** dein Ergebnis mit drei beliebigen Zahlen.

Rätsel 1:

Nimm das Doppelte deiner Zahl.
Vervierfache das Ergebnis und rechne 10 dazu.
Ziehe das Fünffache deiner Zahl ab.

Rätsel 2:

Denke dir eine Zahl und multipliziere sie mit 2.
Verfünffache nun das Ergebnis.
Ziehe vom Ergebnis das 9-fache deiner gedachten Zahl ab.
Addiere 10 zum Ergebnis.

Rätsel 3:

Ziehe von der Zahl 48 das Fünffache deiner Zahl ab.
Subtrahiere vom Ergebnis 8.
Addiere nun das 9-fache deiner gedachten Zahl.
Nun ziehe dreimal deine gedachte Zahl ab.

Rätsel 4:

Ziehe von der Zahl 72 das Dreifache deiner Zahl ab.
Subtrahiere vom Ergebnis 20.
Addiere nun das 8-fache deiner gedachten Zahl.
Nun ziehe viermal deine gedachte Zahl ab.

Rätsel 5:

Verdopple eine Zahl.
Addiere 10 dazu.
Teile das Ergebnis durch 2

Arbeitsblatt | Variablen & Terme

Zahlenrätsel*

Nutze Variablen & Terme, um herauszufinden, was der Zauberer am Ende einfach rechnen muss, um die gedachte Zahl zu bestimmen.
Überprüfe dein Ergebnis mit drei unterschiedlichen Zahlen

Rätsel 1:

Nimm das Doppelte deiner Zahl.
Vervierfache das Ergebnis und rechne 10 dazu.
Ziehe das Fünffache deiner Zahl ab.

Rätsel 2:

Denke dir eine Zahl und multipliziere sie mit 2.
Verfünffache nun das Ergebnis.
Ziehe vom Ergebnis das 9-fache deiner gedachten Zahl ab.
Addiere 10 zum Ergebnis.

Rätsel 3:

Ziehe von der Zahl 48 das Fünffache deiner Zahl ab.
Subtrahiere vom Ergebnis 8.
Addiere nun das 9-fache deiner gedachten Zahl.
Nun ziehe dreimal deine gedachte Zahl ab.

Rätsel 4:

Ziehe von der Zahl 72 das Dreifache deiner Zahl ab.
Subtrahiere vom Ergebnis 20.
Addiere nun das 8-fache deiner gedachten Zahl.
Nun ziehe viermal deine gedachte Zahl ab.

Rätsel 5:

Verdopple eine Zahl.
Addiere 10 dazu.
Teile das Ergebnis durch 2

BEI GRIN MACHT SICH IHR WISSEN BEZAHLT

- Wir veröffentlichen Ihre Hausarbeit, Bachelor- und Masterarbeit

- Ihr eigenes eBook und Buch - weltweit in allen wichtigen Shops

- Verdienen Sie an jedem Verkauf

Jetzt bei www.GRIN.com hochladen und kostenlos publizieren